Francis Sengendo

Efeito da temperatura na eclodibilidade dos ovos de grilos domésticos

Francis Sengendo

Efeito da temperatura na eclodibilidade dos ovos de grilos domésticos

Imprint

Any brand names and product names mentioned in this book are subject to trademark, brand or patent protection and are trademarks or registered trademarks of their respective holders. The use of brand names, product names, common names, trade names, product descriptions etc. even without a particular marking in this work is in no way to be construed to mean that such names may be regarded as unrestricted in respect of trademark and brand protection legislation and could thus be used by anyone.

Cover image: www.ingimage.com

This book is a translation from the original published under ISBN 978-3-659-89665-1.

Publisher:
Sciencia Scripts
is a trademark of
Dodo Books Indian Ocean Ltd. and OmniScriptum S.R.L publishing group

120 High Road, East Finchley, London, N2 9ED, United Kingdom
Str. Armeneasca 28/1, office 1, Chisinau MD-2012, Republic of Moldova, Europe
Printed at: see last page
ISBN: 978-620-8-12209-6

DEDICAÇÃO

Dedico este trabalho ao Deus todo-poderoso que me deu vida, sabedoria, conhecimento e me abençoou até este momento.

AGRADECIMENTOS

Glorifico a Deus todo-poderoso pela força, saúde e conhecimento que me concedeu desde o início deste projeto até à sua conclusão.

Tenho também a honra de estender a minha sincera gratidão ao meu supervisor, Dr. Jackson Efitre, pelo tempo e orientação que me dispensou na redação deste relatório. Que Deus todo-poderoso vos abençoe em todos os vossos esforços!

Os meus sinceros agradecimentos à INSFEED-UGANDA pelo apoio financeiro e académico que me foi prestado durante todo o processo desta investigação. Um agradecimento especial ao Dr. Nakimbugwe, ao Sr. Ssepuuya Geoffrey e à Srta. Ndagire Catherine pelo tempo e pela orientação académica que me deram ao longo de todo o processo deste projeto de investigação.

Os meus agradecimentos vão para todos os meus amigos e familiares que me deram coragem e rezaram continuamente por mim. Que Deus todo-poderoso vos abençoe!

RESUMO

O estudo foi realizado no insectário de zoologia do Departamento de Zoologia, Entomologia e Ciências da Pesca da Universidade de Makerere. O objetivo geral era determinar a temperatura óptima para a eclosão dos ovos de grilos domésticos. Foram testadas seis temperaturas, isto é, 26, 28, 30, 32, 34 e 36° C, para determinar o seu efeito na eclodibilidade dos ovos de grilo doméstico (*Acheta domesticus*). Foram utilizadas incubadoras aquecidas a estas diferentes temperaturas para incubar os ovos e monitorizadas até ao momento da eclosão, tendo sido determinado o efeito da temperatura no tempo de incubação, na percentagem de eclosão e no peso das ninfas. Verificou-se uma diferença significativa no tempo de incubação dos ovos incubados a diferentes temperaturas (ANOVA: F = 82,75, 5d f, p > 0,05), sendo os ovos incubados a 34° C os que demoraram menos tempo a eclodir. Verificou-se uma diferença significativa entre o tempo de incubação dos ovos incubados a 26° C e o dos ovos incubados a 28, 30, 32 e 34° C (p = 0,0001), mas não se registaram diferenças estatisticamente significativas entre o tempo de incubação dos ovos incubados a 28 e 30° C (p = 0,539) e o dos ovos incubados a 32 e 34° C (p = 0,200). A percentagem de eclosão foi elevada a 28° C (95,0%) seguida de 30° C (86,7%) e o peso das ninfas foi significativamente diferente em todas as temperaturas (ANOVA: F = 438,55, 5d.f, p > 0,05). As ninfas mais pesadas foram as dos ovos incubados a 26° C, seguidas de 28° C, mas não houve eclosão nos ovos incubados a 36° C. O estudo demonstrou que a temperatura afecta a eclodibilidade dos ovos de grilos domésticos e verificou-se que 28° C é a temperatura óptima para a incubação de ovos de grilos domésticos. Recomenda-se, portanto, que os agricultores sejam aconselhados a incubar os ovos de grilo doméstico a 28° C para obter a máxima eclodibilidade, e é necessário criar meios mais económicos de incubar os ovos a esta temperatura.

ÍNDICE DE CONTEÚDOS

CAPÍTULO UM
1. INTRODUÇÃO

1.1. Fundo

Os grilos domésticos são originários do Sudeste Asiático, há milhares de anos. Depois espalharam-se por diferentes partes do mundo, onde as condições ambientais são favoráveis à sua sobrevivência. Nunca ocuparam o Norte da Europa devido ao inverno rigoroso (Nakagaki, 2001). Pertencem à ordem; Orthoptera, família; Gryllidae, género; Acheta, espécie; *Domesticus*, daí o nome da espécie *Acheta domesticus* (Linnaeus, 1758). São insectos omnívoros cosmopolitas que vivem à volta das casas, normalmente em fendas e debaixo de erva seca amontoada após a limpeza do terreno.

Os grilos domésticos sofrem uma metamorfose incompleta que consiste em ovo, ninfa e adulto, com 8 a 10 instares de ninfa, dependendo da temperatura prevalecente. Os ovos demoram 10 - 14 dias a eclodir a 28 - 32° C (Smith, 2005). O desenvolvimento de ninfas a adultos demora 45 dias. No entanto, a taxa de crescimento pode ser abrandada ou aumentada pela temperatura, uma vez que são poiquilotérmicos. As ninfas assemelham-se aos adultos, mas carecem de asas e de um ovipositor nas fêmeas (Smith, 2005).

De acordo com Anankaaware *et al.*, 2014, os grilos domésticos estão entre os insectos comestíveis em diferentes partes do mundo, especialmente em países asiáticos como a Tailândia. Isto deve-se ao seu elevado teor proteico de até 60% com base na matéria seca (FAO, 2013). São muito eficientes na conversão de alimentos em proteínas, com uma eficiência de conversão de proteínas de 35%, em comparação com 33% para frangos, 13% para suínos e 5% para bovinos. O teor de proteína comestível dos grilos é também superior ao da carne de porco e de vaca (Lundy e Parrella, 2015). Em países como o Camboja e a Tailândia, são criados comercialmente em grande escala e estão disponíveis nos supermercados como snacks. Na Tailândia, os grilos domésticos foram introduzidos a partir das regiões temperadas da Europa e os agricultores preferiram criá-los em vez das espécies nativas de grilos. Isto deveu-se ao seu melhor sabor, particularmente nas fêmeas, devido ao grande número de ovos no seu abdómen (Hanboonsong *et al.*, 2013).

No Uganda, a criação de grilos domésticos foi introduzida recentemente pelo projeto "flying food" que teve início no distrito de Masaka. Os agricultores receberam formação, mas poucos deles adoptaram a empresa. Isto deve-se ao facto de haver pouca informação sobre as técnicas de criação e as competências de gestão. As condições ambientais, como a temperatura, a humidade e a luz, são factores muito importantes para o crescimento e o desenvolvimento dos grilos, pelo que é necessário fazer investigação para obter informação sobre estes factores.

A temperatura é, sem dúvida, o fator ambiental mais importante que afecta a biologia dos ectotérmicos, especialmente dos insectos que não voam, como os grilos. O seu metabolismo não produz calor suficiente para aumentar a temperatura corporal acima da temperatura ambiente (Woodring *et al.*, 2002). Os processos bioquímicos e fisiológicos, tais como a digestão, a locomoção, a reprodução, o desenvolvimento e o crescimento dos grilos são influenciados pela temperatura.

O efeito da temperatura sobre o crescimento, o desenvolvimento dos grilos, a energia, a frequência dos cantos de chamada dos machos, a alimentação e o metabolismo, entre outros, foram estudados por Booth e Kiddell, 2007.

No entanto, o efeito da temperatura sobre a eclodibilidade dos ovos de grilos domésticos não foi estudado. Por conseguinte, esta investigação investigou o efeito da temperatura na eclodibilidade dos ovos de grilo doméstico e identificou a temperatura óptima para a incubação dos ovos.

1.2. Declaração do problema

A temperatura é um fator muito importante na incubação dos ovos de grilo doméstico, uma vez que temperaturas muito baixas ou muito elevadas conduzem a períodos prolongados de incubação, à redução do número de ovos que eclodem por lote, à redução do tamanho das ninfas e à morte dos ovos (Woodring *et al.*, 2002). A incubação dos ovos a temperaturas adequadas para a eclosão reduzirá os efeitos acima referidos. No entanto, uma vez que a criação de grilos domésticos é uma nova empresa no Uganda, os agricultores não têm conhecimento das temperaturas adequadas para a incubação dos ovos e existe pouca informação disponível sobre a temperatura óptima para a eclosão dos ovos. Isto afecta a multiplicação dos grilos domésticos, reduzindo assim os números produzidos pelos agricultores. A investigação identificará a temperatura óptima para a eclosão dos ovos, o que contribuirá para o sucesso da criação de grilos domésticos. Os agricultores poderão produzi-los em grandes quantidades e, consequentemente, poderão ser utilizados como fonte de proteínas em alimentos para peixes e aves. Por conseguinte, podem atuar como uma alternativa ou um suplemento às fontes caras de proteínas como o peixe e a soja.

1.3. Objectivos

1.3.1. Objetivo geral

Obter informações sobre a temperatura óptima para a eclosão dos ovos de grilos domésticos.

1.3.2. Objectivos específicos

1. Determinar o tempo necessário para a primeira eclosão dos ovos de grilo doméstico incubados a diferentes temperaturas

2. Determinar a percentagem de eclosão dos ovos de grilo doméstico incubados a diferentes temperaturas selecionadas.

3. Determinar o efeito da temperatura de incubação no peso das ninfas de grilo doméstico eclodidas

1.4. Justificação

Técnicas corretas de criação de grilos domésticos fornecerão uma fonte barata de proteínas para a alimentação animal, especialmente para a alimentação de aves e peixes. Esta investigação estabelecerá a temperatura óptima para a eclosão dos ovos de grilos domésticos, o que contribuirá para o êxito da criação de grilos domésticos no Uganda. Por conseguinte, os grilos domésticos podem ser utilizados como uma alternativa para reduzir o desafio da escassez de fontes de proteínas na formulação de alimentos para animais. O custo de produção de alimentos para animais será minimizado, baixando assim os seus preços. Isto encorajará mais agricultores a dedicarem-se a empresas como a avicultura e a piscicultura, o que, por sua vez, reduzirá o custo dos produtos da pesca e da avicultura.

1.5. Questões de investigação

1. A temperatura afecta o tempo de incubação dos ovos dos grilos domésticos?

2. Existe um efeito da temperatura na percentagem de eclosão dos ovos de grilo doméstico?

3. O tamanho das ninfas de grilo-do-mato depende da temperatura de incubação?

CAPÍTULO DOIS
2. REVISÃO DA LITERATURA

A temperatura é um dos factores físicos mais importantes que determinam o sucesso da incubação dos ovos na maioria dos insectos. Por conseguinte, é essencial determinar e utilizar uma temperatura que promova a maior eclodibilidade (Nakage *et al.*, 2003). A melhor temperatura para a eclosão de ninfas de qualidade é conhecida como temperatura óptima de incubação porque as ninfas ou larvas eclodidas a esta temperatura têm 90% das qualidades necessárias, tais como tamanho grande, elevada taxa de sobrevivência e peso pesado (Nakage *et al.*, 2003).

2.1. Efeito da temperatura no tempo de incubação

O efeito da temperatura na duração da incubação está relacionado com a temperatura a que os ovos são incubados. Os ovos incubados a temperaturas relativamente mais elevadas demoram menos tempo a eclodir do que os incubados a temperaturas mais baixas. O tempo necessário para a eclosão dos ovos diminui com o aumento da temperatura até se atingir uma temperatura óptima, para além da qual os ovos morrem (Nakage *et al.*, 2003). Os ovos de grilo doméstico eclodem em ninfas em cerca de 13 a 15 dias quando incubados a 30º C e em cerca de 26 dias à temperatura ambiente (Smith, 2005).No ambiente natural, o aumento da temperatura em direção aos valores óptimos da espécie acelera geralmente o desenvolvimento dos ovos e das larvas/ninfas. Consequentemente, aumenta as hipóteses de sobrevivência ao reduzir o tempo passado nas fases de desenvolvimento mais susceptíveis à predação e ao parasitismo (Rouault *et al.*, 2006). Nas espécies de grilos de clima temperado, o momento da oviposição é importante para a sobrevivência no inverno. Se os ovos forem postos demasiado cedo, podem eclodir prematuramente antes do inverno e se forem postos demasiado tarde, podem ser mortos pela geada (Morio e Yoshikazu, 2002).

2.2. Efeito da temperatura na percentagem de eclosão

Os ovos de insectos são muito sensíveis a temperaturas elevadas, um excesso de calor ou a exposição a radiações solares intensas leva à morte do embrião, limitando assim a eclosão (Rouault *et al.,* 2006). Isto deve-se ao facto de a temperatura ter efeitos desiguais no crescimento e na diferenciação dos embriões. Afecta as actividades enzimáticas responsáveis pelo crescimento e pela diferenciação. As baixas temperaturas diminuem a atividade das enzimas, afectando assim o desenvolvimento do embrião, ao passo que as altas temperaturas desnaturam as enzimas e provocam a morte dos ovos (Van der have e De Jong, 2002).

A diferenciação durante o desenvolvimento embrionário envolve a replicação do ADN, que é mais sensível à temperatura devido à elevada difusibilidade da replicase do ADN, enquanto a síntese proteica é menos sensível à temperatura devido à baixa difusibilidade das subunidades ribossómicas. Por conseguinte, o efeito da temperatura sobre a taxa de diferenciação é maior do que o seu efeito sobre a taxa de crescimento (Smith, 2005).

A percentagem de eclosão dos ovos aumenta com o aumento da temperatura até um valor ótimo. A temperaturas muito baixas e muito elevadas, o desenvolvimento embrionário é afetado na maioria dos insectos. Nos *Orthoptera,* os ovos incubados a uma temperatura tão baixa como 10° c e superior a 40° C, a formação da blastoderme não se verifica, pelo que o embrião morre (Rouault *et al.,* 2006). Para os grilos do mato, 30° C é a temperatura máxima para a eclosão dos ovos; qualquer temperatura superior a 30° C e inferior a 10° C é letal. Os ovos incubados a uma temperatura igual ou inferior a 10° C e os incubados a uma temperatura superior a 30° C desenvolvem-se durante algum tempo e mais tarde os embriões morrem (Walters e Hassall, 2006). Por conseguinte, deve ser estabelecida uma temperatura óptima que garanta um desenvolvimento embrionário adequado.

As baixas temperaturas, especialmente nas regiões temperadas, causam a diapausa embrionária em muitos insectos. Algumas espécies de *Orthopterans*, como os grilos, os saltadores de erva e os katydids, têm a capacidade de entrar numa diapausa embrionária prolongada de dois ou mais anos (Bang *et al.*, 2011). A diapausa embrionária em *Orthopterans* varia de uma diapausa simples a uma diapausa mais complexa, de acordo com as temperaturas prevalecentes. E a complexidade das sequências de diapausa pode levar a diferentes ciclos de vida dentro de uma única população (Bang *et al.*, 2011). Os ovos e as larvas são as fases mais sensíveis à temperatura, sendo que temperaturas muito baixas e muito elevadas, por exemplo, inferiores a 15º C e superiores a 45º C, respetivamente, em grilos domésticos, provocam uma mortalidade muito elevada (Rouault *et al.*, 2006).

2.3. Efeito da temperatura no peso das ninfas eclodidas

A temperatura afecta grandemente a eclodibilidade dos ovos dos insectos, reduzindo ou aumentando o tamanho das ninfas/larvas eclodidas. Estudos laboratoriais demonstraram que os ovos incubados a temperaturas mais elevadas produzem larvas mais pequenas do que os incubados a baixas temperaturas (Dennis e Linda, 2010). Existem duas hipóteses não exclusivas segundo as quais a temperatura pode afetar o tamanho das larvas que eclodem. Em primeiro lugar, em temperaturas extremas, as reservas de cortiça podem ser esgotadas mais rapidamente e mais cedo no desenvolvimento, resultando em menos energia disponível para o crescimento, o que leva a larvas mais pequenas aquando da eclosão. Em segundo lugar, as diferenças de temperatura durante a incubação fazem com que as larvas eclodam em diferentes estádios de desenvolvimento, o que, por sua vez, provoca as diferenças de tamanho observadas aquando da eclosão (Jordaan *et al.,* 2006). Na maior parte dos insectos, a taxa de desenvolvimento a temperaturas constantes assume uma forma mais ou menos sigmoidal, mas numa vasta gama de temperaturas é possível obter o valor ótimo.

O desenvolvimento dos grilos é muito mais acelerado por temperaturas flutuantes do que por temperaturas constantes (Dennis e Linda, 2010). Este efeito é de grande importância para a criação de grilos domésticos e de grilos do mato que põem os seus ovos no solo.

CAPÍTULO TRÊS
3. MATERIAIS E MÉTODOS

3.1. Área de estudo

As experiências foram realizadas no insectário do Departamento de Zoologia, Entomologia e Ciências da Pesca da Universidade de Makerere.

3.2. Conceção experimental

Os grilos domésticos maduros foram obtidos no mesmo local na natureza através de colheita manual. Foram selecionados machos e fêmeas do mesmo tamanho, que foram criados no mesmo balde contendo três tabuleiros de ovos vazios, sendo a parte superior coberta com uma rede mosquiteira não tratada e equipada com um material elástico. Foram alimentados com puré de galinha, complementado com folhas de mandioca *(Manihot esculenta)*, abóbora *(Cucurbita pepo)* e inhame-coco *(Colocasia antiquorum)*. O puré de galinha foi fornecido utilizando uma placa de Petri pouco profunda e a água foi fornecida utilizando uma placa de Petri mais profunda com pequenas pedras para evitar que os grilos se afogassem. Depois de ouvir os cantos de chamada dos machos, foi colocado no balde um substrato de postura feito de algodão húmido colocado numa placa de Petri. Deixou-se no balde durante vinte e quatro horas para que a fêmea pusesse ovos. Os ovos foram retirados do algodão com um pequeno pedaço de madeira sem corte. Foram colocados vinte ovos em cada placa de Petri com algodão húmido, cobertos com outra camada fina de algodão húmido e com uma placa de Petri por cima. Esta instalação foi repetida três vezes para cada temperatura selecionada, tendo sido testadas seis temperaturas, a saber: 26, 28, 30, 32, 34 e 36° C. Os ovos foram então incubados a diferentes temperaturas e a humidade foi mantida através da pulverização de um pouco de água nas placas, utilizando um frasco de spray de 1 litro.

3.3. Métodos específicos

3.3.1. Determinação do efeito da temperatura no tempo de incubação

A experiência foi monitorizada todos os dias, desde o momento em que os ovos foram colocados nas incubadoras até ao momento em que a eclosão parou. As placas de Petri foram abertas diariamente e a camada de algodão que as cobria foi retirada para verificar a presença de ninfas. Foi registado o tempo (dias) necessário para ver a primeira ninfa/ninfas dos ovos a cada temperatura.

3.3.2. Determinação da percentagem de eclosão dos ovos de grilo doméstico incubados a diferentes temperaturas

A experiência foi monitorizada todos os dias, desde o momento em que os ovos foram colocados nas incubadoras até ao momento em que a eclosão parou. As placas de Petri eram abertas diariamente e a camada de algodão que as cobria era retirada para verificar a presença de ninfas. As placas de Petri com ninfas recém-eclodidas eram retiradas das incubadoras e colocadas numa pequena bacia, sendo a tampa retirada para contar as ninfas eclodidas. O número de ninfas que eclodiram em cada temperatura foi registado diariamente até ao fim da eclosão. O número total de ninfas eclodidas dos ovos incubados a cada temperatura foi obtido no final da experiência.

3.3.3. Determinação do efeito da temperatura no peso das ninfas eclodidas

As ninfas recém-eclodidas dos ovos incubados a cada temperatura foram pesadas com uma balança eletrónica de quatro casas decimais. As placas de Petri com as ninfas recém-eclodidas foram retiradas das incubadoras, colocadas numa pequena bacia e abertas para colher as ninfas. Com a ajuda de um pedaço de papel dobrado, recolhe-se uma ninfa de cada vez e coloca-se num pequeno recipiente com tampa para evitar que salte para fora. O peso inicial do recipiente foi obtido antes da colocação da ninfa e o peso da ninfa foi obtido subtraindo o peso inicial do recipiente ao peso da ninfa mais o do recipiente (peso da ninfa = peso do recipiente + ninfa - peso inicial do recipiente). Foram pesadas dez ninfas de cada temperatura e os pesos foram registados.

3.4. **Análise estatística**

A ANOVA de uma via foi utilizada para testar as diferenças no tempo médio de incubação nas diferentes temperaturas

A percentagem de eclosão foi calculada para cada temperatura (percentagem de eclosão = n.º de ninfas eclodidas/n.º total de ovos incubados) e os resultados foram apresentados num gráfico de barras

A ANOVA de uma via foi utilizada para comparar o peso médio das ninfas eclodidas nas diferentes temperaturas

As análises estatísticas foram efectuadas utilizando o software SPSS (Versão 21) com um nível de probabilidade de 0,5.

CAPÍTULO QUATRO
4. RESULTADOS

4.1. Efeito da temperatura no tempo de incubação

O tempo de eclosão dos ovos varia com a temperatura, sendo que os ovos incubados a 26° C demoram mais tempo a eclodir do que os incubados a 28, 30, 32 e 34° C (figura 1). medida que a temperatura aumentava, o tempo de eclosão dos ovos (temperatura de incubação) diminuía até atingir uma temperatura máxima (temperatura letal), em que os ovos morriam e, por conseguinte, não havia eclosão, a 36° C (Figura 1). Verificou-se uma diferença significativa entre os tempos de incubação (ANOVA: F = 82,75, 5d.f, p > 0,05). Um teste post-hoc de Tukey revelou que houve uma diferença significativa no tempo de incubação dos ovos incubados a 26^0 C e os incubados a 28, 30, 32 e 34° C (p = 0,0001). Não se registaram diferenças estatisticamente significativas entre o tempo de incubação dos ovos incubados a 28° C e 30° C (p = 0,539) e os incubados a 32° C e 34° C (p = 0,200). A 36° C, não se registou qualquer eclosão.

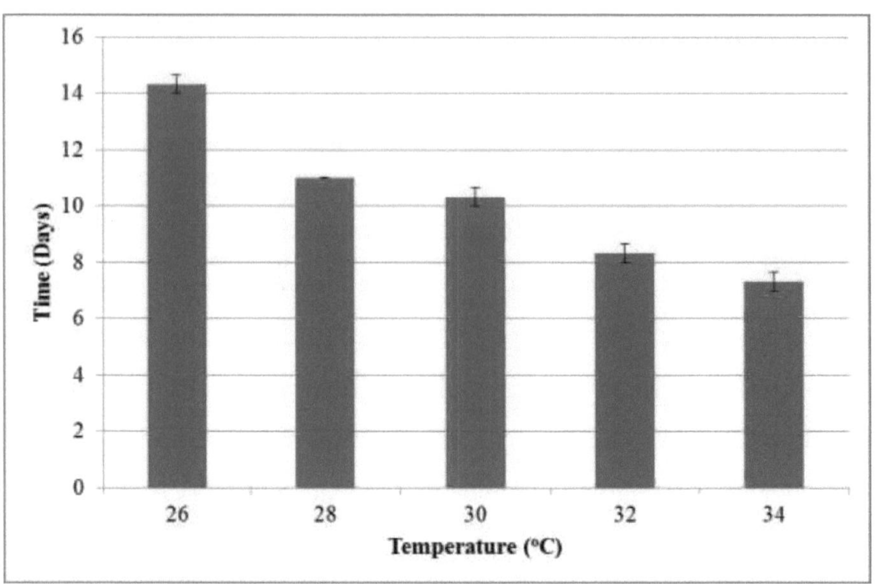

Figura 1. Número de dias (tempo) necessários para os ovos de grilo doméstico eclodirem a diferentes temperaturas de incubação

4.2. Percentagem de eclosão dos ovos de grilo doméstico incubados a diferentes temperaturas A eclosão foi mais elevada a 28° C (95,0% dos ovos eclodiram) e mais baixa a 34° C (apenas 63,3% dos ovos eclodiram). Registou-se um aumento da eclodibilidade de 26° C para 28° C, após o que a eclodibilidade diminuiu com o aumento da temperatura de incubação (Figura 2).

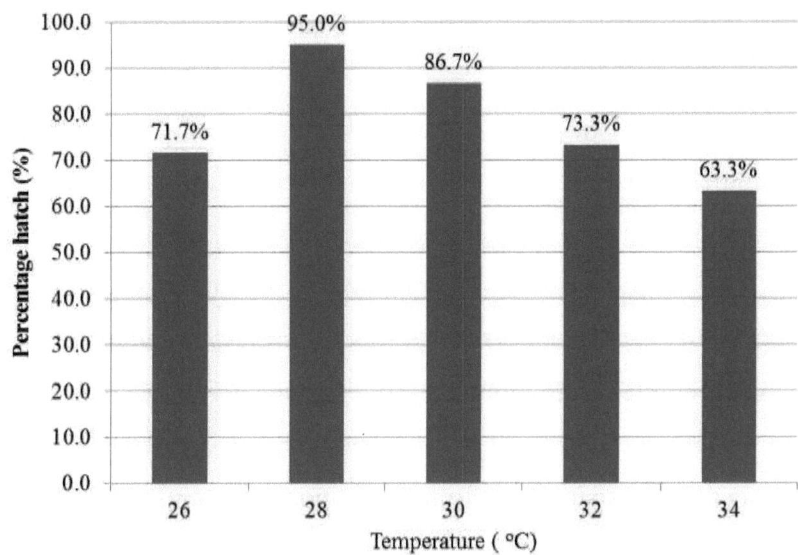

Figura 2. Percentagem de eclosão dos ovos de grilo doméstico incubados a diferentes temperaturas

 Efeito da temperatura de incubação no peso das ninfas de grilos domésticos

O peso das ninfas de grilo doméstico nascidas de ovos incubados a diferentes temperaturas diminuiu com o aumento da temperatura de incubação (Figura 3). O peso mais elevado das ninfas foi registado nos ovos incubados a 26° C, seguido de 28° C, enquanto o peso mais baixo das ninfas foi registado a 34° C (Figura 3). O peso das ninfas nascidas de ovos incubados a diferentes temperaturas foi significativamente diferente (ANOVA: $F = 438,55$, 5d.f, $p > 0,05$). O teste post hoc de Turkey revelou que houve uma diferença significativa no peso médio das ninfas eclodidas a 26, 28, 30, 32 e 34^0 C ($p = 0,0001$).

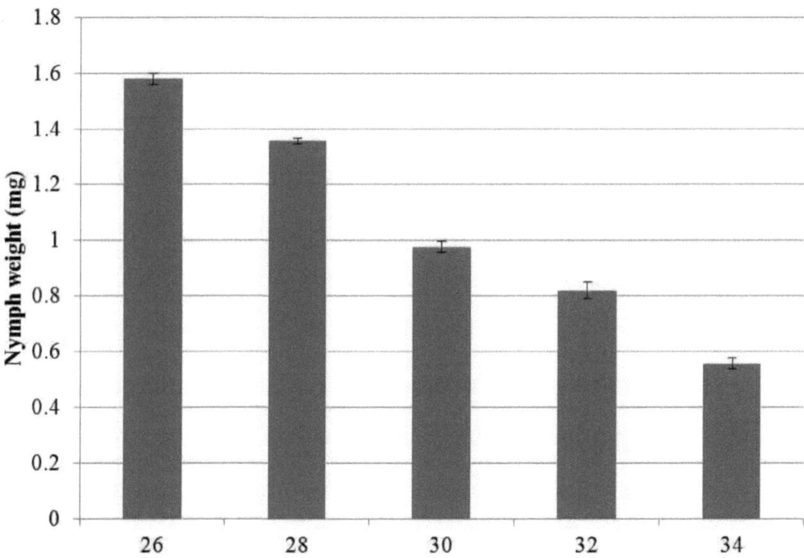

Temperatura C⁰

Figura 3. Peso médio (±SE) das ninfas de grilo doméstico eclodidas a diferentes temperaturas

CAPÍTULO CINCO
5. DISCUSSÃO

5.1. Efeito da temperatura no tempo de incubação

A diminuição do tempo de incubação dos ovos incubados a temperaturas relativamente mais elevadas é atribuída ao facto de a temperatura aumentar o ritmo da ação enzimática. Esta aumenta a atividade das enzimas que decompõem as reservas alimentares do ovo de que o embrião se alimenta. Estas reservas alimentares são decompostas mais rapidamente, o que leva à disponibilidade dos nutrientes necessários para o crescimento do embrião, que é capaz de se alimentar a um ritmo mais rápido (Smith, 2005). Isto aumenta a velocidade a que o embrião amadurece e se transforma em ninfa, o que leva a uma redução do tempo de eclosão.

Este facto mostra que os ovos demoram relativamente o mesmo tempo quando incubados a temperaturas próximas umas das outras. A diferença de tempo de incubação entre as temperaturas só se observa quando o intervalo entre as temperaturas é elevado. Não houve eclosão a 36° C, porque as temperaturas muito elevadas desnaturam as enzimas do ovo e, por conseguinte, as reservas alimentares não são decompostas para que o embrião se possa alimentar e desenvolver. Uma temperatura muito elevada também provoca a desidratação do ovo, o que leva à morte do embrião e, por conseguinte, não há eclosão (Nakage *et al.*, 2003).

5.2. Percentagem de eclosão dos ovos de grilo doméstico incubados a diferentes temperaturas

A diminuição da eclodibilidade dos ovos de grilo com o aumento da temperatura pode ser atribuída ao facto de as temperaturas muito elevadas levarem à desidratação dos ovos, o que conduz à morte do embrião e apenas os resistentes conseguem sobreviver. Este facto coincide com o trabalho de Van der have, que descobriu que as temperaturas elevadas desnaturam algumas enzimas do ovo e inibem a decomposição das reservas alimentares em formas utilizáveis pelo embrião (Van der have, 2002). Este facto reduz o número de ovos que eclodem em ninfas. Por outro lado, as temperaturas mais baixas também inibem a atividade das enzimas no ovo e pouca ou nenhuma reserva alimentar é decomposta, limitando assim o desenvolvimento do embrião (Rouault *et al.*, 2006). Isto reduz o número de ovos que eclodem em ninfas.

5.3. Efeito da temperatura de incubação no peso das ninfas de grilos domésticos

As diferenças de peso das ninfas de grilo nascidas de ovos incubados a diferentes temperaturas indicam que a temperatura afecta muito o peso das ninfas e é mais específica na determinação do peso do que outras variáveis como o tempo de incubação. Por conseguinte, para obter um determinado peso de ninfas, os ovos têm de ser incubados a uma temperatura específica que conduza à eclosão de ninfas com o peso desejado.

A temperaturas mais baixas, o embrião demora mais tempo a desenvolver-se, o que lhe permite utilizar as reservas alimentares e transformar-se em ninfas, que são maiores e mais pesadas (Dennis e Linda, 2010). A temperaturas mais elevadas, o embrião desenvolve-se muito rapidamente, pelo que não tem tempo suficiente para construir uma massa corporal maior. Durante as temperaturas mais elevadas, as reservas de cortiça podem esgotar-se mais rapidamente e mais cedo no desenvolvimento, resultando em menos energia disponível para o crescimento, o que leva a larvas mais pequenas no momento da eclosão. As temperaturas mais elevadas podem também fazer com que as ninfas eclodam quando ainda não estão completamente maduras, sendo estas pequenas em tamanho e de menor peso (Jordaan *et al.,* 2006). As ninfas de baixo peso são geralmente fracas, muito delicadas e têm uma taxa de sobrevivência mais baixa. Tal como explicam Jordaan *et al.*, 2006, essas ninfas emergem geralmente antes de atingirem a maturidade completa. Este facto torna a sua gestão muito difícil e muitas delas morrem nos primeiros dias após a eclosão.

CAPÍTULO SEIS
6. CONCLUSÕES E RECOMENDAÇÕES

6.1. CONCLUSÕES

Este estudo demonstrou que a temperatura afecta o tempo de incubação dos ovos de grilo doméstico, uma vez que uma temperatura mais baixa aumenta o tempo necessário para a eclosão dos ovos, enquanto uma temperatura mais elevada reduz o tempo necessário para a eclosão dos ovos. No entanto, temperaturas muito elevadas provocam a morte dos ovos, o que resulta na ausência de eclosão.

A eclodibilidade dos ovos de grilo doméstico depende da temperatura de incubação; temperaturas mais baixas e mais altas reduzem a percentagem de eclosão dos ovos de grilo doméstico. A eclodibilidade é mais elevada a 28º C, que é próxima da temperatura ambiente.

A temperatura de incubação tem um efeito significativo no peso das ninfas de grilo doméstico. Diferentes temperaturas dão origem a diferentes pesos de ninfas. Os ovos incubados a temperaturas mais baixas dão origem a ninfas mais pesadas do que os incubados a temperaturas mais elevadas.

6.2. RECOMENDAÇÕES

Com base nos resultados do estudo, recomenda-se o seguinte;

Os criadores de grilos domésticos devem ser aconselhados a incubar os ovos a 28º C porque se verificou que esta é a temperatura óptima para a incubação de ovos de grilos domésticos. Considerando todos os parâmetros testados, ou seja, o tempo de incubação, o número de ninfas eclodidas e o peso das ninfas. A temperatura afecta estes parâmetros de forma diferente e todos eles têm de ser optimizados para se obterem ninfas saudáveis que possam sobreviver.

É necessário criar meios para que os criadores de grilos domésticos possam incubar os seus ovos a temperaturas superiores à temperatura ambiente, uma vez que a temperatura adequada para a incubação dos ovos de grilos domésticos se situa entre 28º C, acima da temperatura ambiente.

REFERÊNCIAS

Anankware P.J, Fening K.O, Osekre, E e Obeng Ofori, D (2015). Inseto como alimento e ração. *Jornal Internacional de Investigação Agrícola, Jornal de Entomologia Económica.* 3(84), 891-896.

Bang, H.S, Shim, J.K, Jung, M.P, Kim, M.H, Kang, K.K., Lee, D.B, e Lee, K.Y (2011). Efeitos da temperatura no desenvolvimento embrionário de *Paratlanticus ussuriensis* (Orthoptera: Tettigoniidae) em relação à sua diapausa prolongada. *Journal of Asia-Pacific Entomology.* 14(3), 373-377.

Booth, D.T e Kiddell, K (2007). Temperature and the energetics of development in the house cricket (*Acheta domesticus*). *Jornal de Fisiologia de Insectos.* 53(9), 950-953.

Dennis, J, F e Linda, S.D (2010). Taxas de desenvolvimento embrionário de gafanhotos do norte (Orthoptera: Acrididae): Implicações para as alterações climáticas e a gestão do habitat. *Journal of Environmental Entomology.* 39(5), 1643 - 1651.

FAO. 2013. Insectos comestíveis: Perspetivas futuras para a segurança alimentar humana e animal. Roma.

Hanboonsong, Y, Jamjanya, T e Durst, P.B (2013). Gado de seis patas: criação, recolha e comercialização de insectos comestíveis na Tailândia. *Jornal de Entomologia Económica.* 3(84), 791-846.

Jordaan, A, Hayhurst, S e Kling, L (2006). The influence of temperature on the stage at hatch of laboratory reared *Gadus morhua* and implications for comparisons of length and morphology. *Journal of Fish Biology.* 68(1), 7-24.

Linnaeus, C (1958). Systema naturae. 10th edtion, Hes de Graaf publishers, Países Baixos.

Lundy, M.E e Parrella, M.P (2015). Os grilos não são um almoço grátis: Captura de proteínas de fluxos secundários orgânicos escaláveis através de populações de alta densidade de *Acheta domesticus*. *Jornal de Entomologia da Ásia-Pacífico*. 12(5), 463-467.

Nakagaki, B.j (2001). Comparação de dietas para a criação em massa de *Acheta dornesticus* (Orthoptera: Gryllidae) como alimento novo e comparação da eficiência da conversão alimentar com os valores registados para o gado. *Journal of Economic Entomology*. 3(84), 891-896.

Nakage, E.S, Cardozo, J.P, Pereira, G.T, Queiroz, S.A e Boleli, I.C (2003). Efeito da temperatura no período de incubação, mortalidade embrionária, taxa de eclosão, perda de água dos ovos e peso do pintinho da perdiz (*Rhynchotus rufescens*). *Journal of Poultry Science*. 5(2), 131 - 135.

Morio, H e Yoshikazu, A (2002). O efeito da temperatura no desenvolvimento embrionário e na adaptação local no ciclo de vida de *Eobiana engel hardti Subtropica* Beg- Bienko (Orthoptera: Tettigoniidae). *Journal of Entomology, Zoology*. 37(4), 625 - 636.

Rouault, G, Candau, J.N, Lieutier, F, Nageleisen, L.M, Martin, J.C e Warzée, N (2006). Efeitos da seca e do calor nas populações de insectos florestais em relação à seca de 2003 na Europa Ocidental. *Annals of Forest Science*. 63(6), 613-624.

Smith, M.J (2005). Manual for rearing crickets, files and meal worms. *Journal of Economic Entomology*. 87(4), 2424-2528.

Van der have, T.M e De Jong, G (2002). Adult size in ectotherms: Efeitos da temperatura no crescimento e diferenciação. *Journal of Environmental Entomology*. 183 (6), 329 - 340.

Walters, R.J e Hassall, M (2006). The Temperature size rule in ectotherms:

Poderá afinal existir uma explicação geral? *The American Naturalist.* 167(4), 510-523.

Woodring, J.P, Clifford, C.W e Richard, M.R (2002). The effect of temperature on feeding, growth and metabolism during the last larval stadium of the female house cricket (*Acheta domesticus*). *Jornal de Fisiologia de Insectos.* 26 (4), 639 - 644.

APÊNDICES
Apêndice I
Quadros de recolha de dados
Tabela 1. Efeito da temperatura no tempo de incubação

Temperatura (oC)	Replicação	Data de incubação	Data da primeira eclosão	Tempo necessário para a primeira emergência (dias)
26	1			
26	2			
26	3			
28	1			
28	2			
28	3			
30	1			
30	2			
30	3			
32	1			
32	2			
32	3			
34	1			
34	2			
34	3			
36	1			
36	2			
36	3			

Tabela 2. Percentagem de eclosão dos ovos de grilo doméstico incubados a diferentes temperaturas

Temperatura (○C)	Replicação	Número de ninfas eclodidas por dia					Número total de ninfas eclodidas
		dia 1	dia 2	dia 3	dia 4	dia 5	
26	1						
26	2						
26	3						
28	1						
28	2						
28	3						
30	1						
30	2						
30	3						
32	1						
32	2						
32	3						
34	1						
34	2						
34	3						
36	1						
36	2						
36	3						

Quadro 3. Efeito da temperatura de incubação no peso das ninfas de grilo doméstico

Temperatura (°C)	Replicação	Ninfas	Peso das ninfas individuais (g)
26	1	1	
26	1	2	
26	1	3	
26	1	4	
26	1	5	
26	1	6	
26	1	7	
26	1	8	
26	1	9	
26	1	10	
26	2	1	
26	2	2	
26	2	3	
26	2	4	
26	2	5	
26	2	6	
26	2	7	
26	2	8	
26	2	9	
26	2	10	
26	3	1	
26	3	2	
26	3	3	
26	3	4	
26	3	5	
26	3	6	
26	3	7	

26	3	8	
26	3	9	
26	3	10	
28	1	1	
28	1	2	
28	1	3	
28	1	4	
28	1	5	
28	1	6	
28	1	7	
28	1	8	
28	1	9	
28	1	10	
28	2	1	
28	2	2	
28	2	3	
28	2	4	
28	2	5	
28	2	6	
28	2	7	
28	2	8	
28	2	9	
28	2	10	
28	3	1	
28	3	2	
28	3	3	
28	3	4	
28	3	5	
28	3	6	
28	3	7	

28	3	8	
28	3	9	
28	3	10	
30	1	1	
30	1	2	
30	1	3	
30	1	4	
30	1	5	
30	1	6	
30	1	7	
30	1	8	
30	1	9	
30	1	10	
30	2	1	
30	2	2	
30	2	3	
30	2	4	
30	2	5	
30	2	6	
30	2	7	
30	2	8	
30	2	9	
30	2	10	
30	3	1	
30	3	2	
30	3	3	
30	3	4	
30	3	5	
30	3	6	
30	3	7	

30	3	8	
30	3	9	
30	3	10	
32	1	1	
32	1	2	
32	1	3	
32	1	4	
32	1	5	
32	1	6	
32	1	7	
32	1	8	
32	1	9	
32	1	10	
32	2	1	
32	2	2	
32	2	3	
32	2	4	
32	2	5	
32	2	6	
32	2	7	
32	2	8	
32	2	9	
32	2	10	
32	3	1	
32	3	2	
32	3	3	
32	3	4	
32	3	5	
32	3	6	
32	3	7	

32	3	8	
32	3	9	
32	3	10	
34	1	1	
34	1	2	
34	1	3	
34	1	4	
34	1	5	
34	1	6	
34	1	7	
34	1	8	
34	1	9	
34	1	10	
34	2	1	
34	2	2	
34	2	3	
34	2	4	
34	2	5	
34	2	6	
34	2	7	
34	2	8	
34	2	9	
34	2	10	
34	3	1	
34	3	2	
34	3	3	
34	3	4	
34	3	5	
34	3	6	
34	3	7	

34	3	8	
34	3	9	
34	3	10	
36	1	1	
36	1	2	
36	1	3	
36	1	4	
36	1	5	
36	1	6	
36	1	7	
36	1	8	
36	1	9	
36	1	10	
36	2	1	
36	2	2	
36	2	3	
36	2	4	
36	2	5	
36	2	6	
36	2	7	
36	2	8	
36	2	9	
36	2	10	
36	3	1	
36	3	2	
36	3	3	
36	3	4	
36	3	5	
36	3	6	
36	3	7	

36	3	8	
36	3	9	
36	3	10	

Apêndice II
Tabelas de resultados da ANOVA
Tabela 4. Efeito da temperatura no tempo de incubação

ANOVA

tempo

	Soma Quadrados	df	Quadrado médio	F	Sig.
Entre Grupos	88.267	4	22.067	82.750	.000
Dentro dos grupos	2.667	10	.267		
Total	90.933	14			

Tabela 5. Percentagem de eclosão dos ovos de grilo doméstico incubados a diferentes temperaturas

ANOVA

peso

	Soma Quadrados	df	Quadrado médio	F	Sig.
Entre Grupos	.000	4	.000	438.554	.000
Dentro dos grupos	.000	145	.000		
Total	.000	149			

Printed by Books on Demand GmbH, Norderstedt / Germany